我是小小程序员

［英］诗尼·索玛拉　著

［芬］纳贾·萨雷尔　绘

孙悦华　译

U0243977

四川科学技术出版社

这天，萨姆来到乔阿姨的家里做客。

"萨姆，你说咱们今天玩点儿什么呢？"乔阿姨问道。

乔阿姨家里到处都是计算机配件。萨姆好奇地问："乔阿姨，您是做什么工作的啊？"

"我是**程序员**,就是指导计算机工作的人。"

"计算机也需要指导?"萨姆有点儿不懂了。

"是啊,没有指导,计算机就不知道该怎么运行了。计算机的工作需要遵循算法,也就是一套解决问题的指令。"

"啊?"萨姆还是不太明白。

乔阿姨继续解释说:"比如,你早上起床去上学,为了让这件事顺利进行,你需要做一系列准备工作。"

闹钟把你叫醒

关掉闹钟,起床洗脸

穿好衣服

刷牙

吃早饭

"我们身边到处都是各种大小、形状的能进行数学运算的机器，也就是广义上的计算机。"乔阿姨解释说，"即便在厨房里也是，比如冰箱。你还能发现些别的吗？"

电脑式微波炉

音响

冰箱

洗衣机

电子手表

恒温调节器

电动汽车

电水壶

洗碗机

电烤箱

"所有这些物体都叫作'**硬件**',我的工作是编写程序,即'**软件**',来告诉计算机硬件如何工作。"

吃完早餐，乔阿姨带着萨姆来到了车库。乔阿姨家的车库里也放满了各种计算机配件。

"来，萨姆，你先看一下这个计算机的电路板。它能够运行，其实是一堆由0和1组成的**二进制**的基本代码指导后的结果。"

美国科学家**格蕾丝·赫柏**是计算机领域的先锋人物之一，首先开发了程序语言。

1959年，格蕾丝觉得一般人没有必要知道如何用各种复杂的符号来编写计算机程序，为了解决计算机的某些使用问题，格蕾丝创造了COBOL语言。

萨姆盯着桌上的电路板，问道："这块黑色的东西是什么啊？"

"那是**芯片**！"乔阿姨说。

"芯片是包含有许多条门电路的集成电路，能使计算机完成各种复杂的工作。它能让计算机在屏幕上显示各种各样的图案，能让计算机储存海量的数据，还能让计算机运行各种程序。"

"所有计算机里都有**电路板**，即使是像电子手表那样小的计算机设备。如果你能把电子手表拆开，然后再重新组装起来，也是很有趣的。当然，这首先要征得你父母的同意。"

"你知道**比尔·盖茨**吗？他在很小的时候就开始进行计算机编程设计。后来他与好朋友开创了微软（Microsoft），使它成为世界上最大的计算机软件公司。"

"叮咚！"

"那是门铃声吗？"萨姆问。

他们来到门口，但门前没人，萨姆发现地垫上有一张纸条。

"哦，是邮递员留下的，他让我们去邮局取包裹。"乔阿姨说。

"萨姆，穿上鞋，咱们去取包裹吧，那是给你的礼物。"

"是什么呀？"萨姆问。

"哈哈，你看到就知道了！现在我有个好主意，咱们走着去邮局，然后一起编写一个从家到邮局的'程序'，好吗？"

"向前走1、2、3步。"萨姆数着到大门的步数，然后记在他的小本子上。

他们出门后右拐，然后萨姆继续数着步数："1、2、3……"

"等等，"乔阿姨说，"咱们还得记下右转啊！你要想告诉别人怎么到达邮局，还得告诉他都在哪里拐弯儿。计算机工作的原理也是一样的，指令必须非常清楚，这样计算机才能按照指令正确地工作。"

他们走了100步后左转,

之后他们向前走了40步后再右转,

他们走了50步后遇到了问题……

原来是建筑工人正在修路!

"我们只好掉头了。"乔阿姨说。

"那怎么去邮局呢?"

乔阿姨笑着说:"在计算机编程的过程中,经常会出现类似的情况,我们将其称为漏洞或缺陷(bug),其实它们能让程序员更好地优化程序。这条路行不通,我们可以寻找另外一条路,从而解决这个问题。"

他们往回走了50步，把起初在路口的
向右转改为向左转，

他们走了60步后右转，

然后他们走了50步后再右转，

之后他们走了80步就到达了
邮局。

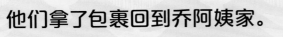

他们拿了包裹回到乔阿姨家。

"我能在打开包裹之前，先编写一下到邮局的'程序'吗？"萨姆说。

"好啊！"乔阿姨笑着说。

"你做得太棒了!"乔阿姨对萨姆说,"以后谁想从我家去邮局,都可以用你的这个'程序'了,只是他们还需要明白你'编码'的含义。"

Bonjour(法语"你好"的意思)!

弄清楚编码的意思就如同学习一门外语。现在有很多不同类型的**计算机语言**。

每种语言都给出了如何编写计算机程序的规则。

Python是一种计算机编程语言。

Java是一种可以编写应用程序(APP)的编程语言。

不同类型的编程语言用于解决不同领域的问题,例如可编写应用程序(APP),或者指导操作,或者创建网站。

"我们甚至可以让一个机器人按照你的指令到邮局拿包裹，只要它懂得你编码的含义。"乔阿姨对萨姆说。

"机器人能自己到邮局去？"萨姆问。

乔阿姨点头道："是啊，我们不必在它旁边跟着，机器人自己就可以到邮局。哈哈，它还会给邮局阿姨一个大大的惊喜！"

人类可以让计算机在很远的地方工作，甚至在月球或者火星！

由美国女科学家**玛格丽特·希菲尔德·汉密尔顿**领导的团队就参与编写了"阿波罗号"宇宙飞船登陆月球的计算机程序。

没有她和她团队编写的程序，美国航天员阿姆斯特朗和奥尔德林根本不可能完成登月的任务。

她是软件工程的先驱，软件工程彻底改变了整个世界。

火星探测器

"最近这些年，人类将好几个机器人探测器送到火星，并可以在地球上操控它们。"

"机器人探测器还采集了火星上岩石和土壤的信息，用来确定火星环境是否适合人类生存。"

"哇! 机器人还能做这些啊?"萨姆说。

乔阿姨笑着说:"它们几乎什么事都能做! 计算机越来越智能,可以帮我们做很多的事情。"

乔阿姨轻轻地拍了一下桌上一个灰色的小盒子,并对它说:"你能告诉我们一些人工智能的知识吗?"

"当然!"这个小盒子发出了机器人特有的声音。

人工智能是指利用计算机模拟人类的智力活动。

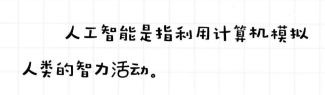

比如，自动驾驶汽车能够学习怎样驾驶，这样汽车没必要非得人工驾驶了。

至关重要的是，它们的安全性，如能否应对不同的天气和路况。

目前，世界上一些顶级的程序员正在进行自动驾驶汽车的编程工作，比如**楼天城**，他和别人合伙创建了名为"小马智行"的自动驾驶创业公司。

萨姆打开了包裹，激动地说："原来是一只机器狗啊！"

"你可以自己编程，让它做好多事情呢！"乔阿姨解释道。

"所以我需要学习它的编程语言！"萨姆说，接着他小心地拿出机器狗，开始阅读说明书。

不一会儿，萨姆就掌握了给机器狗编程的要领，他编了一个程序，机器狗便跳到乔阿姨面前问道："我有一个问题……"

"怎样才能成为一名程序员呢?"

要想成为一名程序员,你要像程序员那样思考。当你想办法指导计算机去解决问题时,需要细致、创新,以及耐心。

看看你的周围,想想计算机或者机器人能帮你做些什么。

机器人能帮你遛狗吗?

成为一名程序员最好的方式是先学习这些基础的知识。你的程序编写得越好,就越能开发出更多有创意的东西,并应用到生活中。

怎样才能学会编程呢？

实际上你有好多种方式学习怎样编程，比如你可以通过少儿编程网站或平台来学习，它能帮助你掌握编程技术。

你有什么喜欢的故事吗？你可以用这个故事作为原型，试着用少儿编程网站或平台，来创作一个小视频或者小游戏。

关于编程，一个重要的问题在于你要想清楚你的程序需要包含哪些步骤。如同编写一个故事一样，创作一个程序也包括从开始到中间，再到结尾的过程。

程序员需要合理安排程序中各个步骤的顺序，即排序。合理安排一系列步骤，完成计算机程序的编写，就可以指导计算机工作了。

记住，编程的乐趣之一就是能找出和改正程序中的错误，所以，一开始搞砸了也不要紧。

图书在版编目（CIP）数据

我是小小程序员 / （英）诗尼·索玛拉著；（芬）纳
贾·萨雷尔绘；孙悦华译. -- 成都：四川科学技术出
版社，2022.3
　（我是STEM小达人科普系列）
　书名原文：A CODER LIKE ME
　ISBN 978-7-5727-0345-4

　Ⅰ.①我… Ⅱ.①诗… ②纳… ③孙… Ⅲ.①程序设
计-儿童读物 Ⅳ.①TP311.1-49

　中国版本图书馆CIP数据核字(2021)第215476号

著作权合同登记图进字21-2021-292号

我是 STEM 小达人科普系列 WO SHI STEM XIAODAREN KEPU XILIE

我是小小程序员 WO SHI XIAOXIAO CHENGXUYUAN

著　　者　［英］诗尼·索玛拉
绘　　者　［芬］纳贾·萨雷尔
译　　者　孙悦华
出 品 人　程佳月
责任编辑　江红丽
助理编辑　潘　甜　王　英
特约编辑　米　琳　王冠颖
装帧设计　程　志
责任出版　欧晓春
出版发行　四川科学技术出版社

　　　地址：四川省成都市槐树街2号　邮政编码：610031
　　　官方微博：http://weibo.com/sckjcbs
　　　官方微信公众号：sckjcbs
　　　传真：028-87734035

成品尺寸　250 mm × 275 mm
印　　张　$2\frac{2}{3}$
字　　数　53千
印　　刷　宝蕾元仁浩（天津）印刷有限公司
版　　次　2022年3月第1版
印　　次　2022年3月第1次印刷
定　　价　25.00元

ISBN 978-7-5727-0345-4

邮购：四川省成都市槐树街2号
电话：028-87734035　邮政编码：610031